OPEN PARTNERS

JEUX DE CONSTRUCTION N°2

LE VIVIER

OPEN LAB 2019

Edition : Books on Demand,
12/14 rond-Point des Champs-Elysées, 75008 Paris
Impression : BoD - Books on Demand, Norderstedt, Allemagne
ISBN : 9782322207213
Dépôt légal : juin 2020

Avant-propos

Tout repenser.

C'est notre époque qui porte cette exigence. Repenser non seulement la méthode, mais les fondements de notre activité. Pourquoi faisons-nous ce que nous faisons, à quelle fin l'assignons-nous? Comment tenons-nous compte, pour ce faire, de notre passé, c'est-à-dire, non seulement de notre patrimoine et de notre culture, mais même de notre civilisation, et du sens qu'elle donne aux choses? Comment envisageons-nous, de l'autre côté, notre futur?

Sans aucun doute, l'idée de progrès, d'évolution naturelle de la société sur une bonne pente, a été radicalement remise en cause par notre époque. Cela fait longtemps que les germes du *soupçon* travaillaient les consciences, mais cette fois, l'inquiétude s'est généralisée.

Surtout, on ne charge plus les mêmes personnes du traitement de ces questions. D'une part, le modèle « problème/solution » qui a été, dans les sphères du pouvoir, le modèle dominant, semble obsolète, parce que le problème est beaucoup trop vaste, beaucoup trop généralisé pour se donner une « solution », et d'autre part, les « experts », conçus dans une orbite qui va des sciences humaines aux sciences politiques, sont aujourd'hui, pour de bonnes et de mauvaises raisons, moins écoutés, moins crédibles.

Il apparaît donc que notre époque est celle d'une vaste interrogation qui est en passe de devenir une responsabilité collective. Les soubresauts politiques de plus en plus répétés que nous observons en sont un signe. Responsabilité collective qui n'est plus celle des seuls intellectuels.

L'initiative que nous prenons est à la fois ambitieuse et modeste. Modeste, parce qu'elle ne se prévaut pas de l'autorité de l'expert, pas plus qu'elle ne prétend apporter l'impossible solution. Mais ambitieuse parce qu'au lieu de se détourner avec inquiétude de la question, elle veut la creuser et l'assumer et, dans le domaine qui est le nôtre, dans notre relation quotidienne avec la réalité, elle consiste à intégrer une réflexion et des enjeux dans l'exercice de notre travail.

Le manque d'âme, ce ne sont pas les *Big data* que vont le compenser.

Notre métier, c'est la promotion immobilière dans le logement des jeunes.

Parce que nous avons mesuré la profonde mutation des pratiques et des besoins de notre temps, nous avons commencé par le renommer, en *habitat junior*. Ce n'est pas un effet de communication, pour nous. Il faut commencer par le langage, comme toujours avec les hommes, non pour faire « joli », mais parce qu'un nouveau nom force à penser autrement et, ici, plus loin.

En effet, crise du logement et transformation des pratiques obligent, ce ne sont plus les seuls étudiants, mais aussi les jeunes actifs qui doivent recourir à ce mode de vie.

Or le logement étudiant avait un défaut majeur : sa précarité, son caractère de « parcage », dans des « cellules », qui donnaient à la vie vécue dans la résidence la valeur d'une épreuve, avec tout ce que cela pouvait générer d'ailleurs d'expériences positives. Mais il fallait aller plus loin dans la réflexion, du fait justement du changement de modèle.

Mieux penser la vie des jeunes adultes dans nos résidences. Et, autre problème, moins visible spontanément, mais cuisant pour nous : comment faire pour graver dans le marbre, quand on est promoteur, nos apports ? Trop souvent, on nous regarde comme des *fournisseurs,* qui n'ont en somme que des boîtes vides à livrer à des gestionnaires qui les remplissent d'habitants. Et si on nous regarde ainsi, il y a de fortes chances pour que nous nous pliions à ce regard.

Or, pour nous, promoteur (même si nous nous retrouvons mieux dans le beau et ancien nom *d'entrepreneur,* dont Haussmann se désignait lui-même) n'a de sens qu'en son étymologie ; nous voulons effectivement *promouvoir* et en l'occurrence, promouvoir un vrai art de vivre de l'habitat junior.

Comment pouvons-nous garantir à long terme que nos ouvrages vont contribuer à une amélioration réelle du quotidien des juniors ?

La question est énorme, et nous n'allons évidemment pas la boucler. Mais nous allons, ici, pour que d'autres y ajoutent leur pierre, continuer de la poser.

Nous avons commencé la réflexion, dans *Jeux de construction,* à notre niveau ; en somme, nous déterminons nos grands thèmes, ceux qui animent notre action, pour son orientation.

Nous la continuons ici, en deux axes : d'une part, dans un travail de réflexion sur les parties communes, auxquelles nous avons donné un nom que nous voulons expliquer et faire croître : « le Vivier ». D'autre part, dans un journal de bord de nos activités de promotion, avec l'occasion d'un retour sur investissement qui ne se mesure pas en euros, mais en intelligence : comment avons-nous conçu nos nouvelles résidences junior, qu'en attendons-nous, et qu'avons-nous encore à faire ?

Porter un témoignage de notre travail, de notre remise en question, et des enjeux de notre métier, oui, ajoute une pierre à l'édifice. Alors que, justement, la tentation est grande, autour de nous, de le défaire, nous espérons que ce petit travail pourra aider à bâtir, plutôt qu'à débâtir, car c'est ce dont nous avons désormais le besoin le plus urgent.

I.
PENSER LE VIVIER

1.
Retour sur la notion de *parties communes*

Les mots et les expressions semblent parfois avoir une vie propre, qui leur donne un effet tantôt positif, tantôt dépréciateur sur ce qu'ils désignent. Quelque chose, dans les « parties communes », s'inscrit dans la deuxième alternative.

Il faut peu d'imagination pour se représenter, alors, toutes sortes de nuisances : vie sociale obligée avec le voisin qu'on rencontre dans les « parties communes », couloirs ou ascenseurs, et avec lequel on est forcé d'échanger quelques mots ; saleté qu'on y constate et qui agace, parce qu'elle semble déprécier sa propre expérience de l'habitation ; réunions interminables de la copropriété autour du syndic, où ces mots semblent le sésame d'un surcoût d'entretien, qui n'est en plus jamais bien réalisé, sans compter les plus graves accusations les touchant : M. ou Mme X se sont *appropriés* les parties communes pour y ranger leur vélo, leur poussette ou leurs vieux livres !

Des scènes tantôt comiques, tantôt sinistres pourraient faire l'objet d'un livre ayant les parties communes pour objet, tant elles illustreraient les capacités infinies des hommes à se disputer, à se chercher noise, dans des débats ayant des questions de règlement pour objet.

Oui, tout près des parties communes, les cernant à chaque instant, le règlement menace, si bien qu'on sera toujours sur le point de l'avoir transgressé, et qu'on s'empressera, en somme, de fermer la porte de son *home sweet home* pour n'avoir surtout pas à y faire de vieux os.

On pourrait dire que les « parties communes » illustrent à merveille « l'insociable sociabilité » de l'homme dont parle le philosophe Immanuel Kant, pour désigner cette double tendance à d'associer pour se rendre plus fort *et* à s'isoler, mû par un dégoût du semblable. Dans les petites et les grandes choses de la vie, on rencontre toujours cette contradiction fondamentale de l'homme, qui s'exprimait plus nettement dans les lieux de *transition* entre la sphère privée et la sphère sociale (du temps où ces deux sphères étaient absolument séparées), comme par exemple les parties communes;

Certes, aujourd'hui, le thème selon lequel cette différence s'estompe est devenu un *topos*. La vie privée régresse au profit de la vie sociale, à la faveur des réseaux sociaux.

Oui, mais il semblerait que cette régression s'accomplisse essentiellement dans la partie virtuelle, ou numérique de la vie. C'est à son *avatar* digital, pour faire écho au *Ready Player One* de Spielberg, qu'on délègue le plus souvent ces *sorties* hors de chez soi depuis son bureau, depuis sa chambre intime, parce qu'on y est à la fois invité par le petite boîte noire et protégé par ses quatre murs. Socialisation qui est peut-être un prétexte, et qui ressortirait alors davantage à la partie *insociable* qu'à la *sociale*: à portée de clics et de touches comme un clavier dont il serait le maître, l'individu se jouerait ici comme l'organiste d'une socialité pour mieux la maîtriser. Quant à la réalité, elle serait reléguée aux désagréments à fuir. C'est le cauchemar que bien des futurologues nous dessinent - mais c'est aussi ce contre quoi une prise de conscience s'est faite, à notre génération, car « au lieu du péril croît aussi ce qui sauve », comme a dit le poète.

Restent, hélas, opiniâtre comme le réel, les parties communes, qui n'ont rien d'attirant. On pourrait céder à la facilité, à savoir en nier l'usage, et les remplacer par un autre mot. Mais tant qu'on n'a pas pris la mesure du problème, une solution n'est pas pertinente.

En fait, dans l'expression *parties communes,* un oxymore, c'est-à-dire une contradiction dans les termes, se cache. Alors que *parties* désigne un morceau, un élément prélevé sur un tout, *commune* vise au contraire à une réunion ; mais cette réunion, justement, n'est pas le tout, mais des parties.

Pour le dire autrement : l'espace commun, ce qui est délégué à la réalité de la vie sociale de l'immeuble, n'est rien d'autre qu'une portion congrue. Ce que les *parties communes* réalisent, c'est qu'on fait de l'espace commun un rebut, un reste, pour ne pas dire un déchet de l'espace qu'on a investi. Parce qu'on méprise le commun, on le rabat sur les bords, sur des mètres carrés qu'on rabote. C'est ce que signifie l'usage du mot *parties.*

On comprend mieux, alors, pourquoi c'était un jeu *joué d'avance.* On pourrait se vouloir « philosophe », et se dire qu'il y a des désagréments inévitables dans la vie. Les *parties communes* en sont une illustration.

On pourrait, d'ailleurs, ajouter que le besoin de décorer les parties communes (plantes vertes, oeuvres d'art, miroirs pour se retrouver exposé à soi-même) sont la preuve immanente de cette nature foncièrement mauvaise. On ne meuble qu'un vide. C'est parce que, sur la plan social, *rien* n'est censé se passer dans l'espace partagé par des personnes distinctes, qui ne souhaitent pas se mêler les unes aux autres, qu'on tente de les décorer pour mieux recouvrir leur désagrément.

Après tout, depuis que le monde nous force à la copropriété (après les heures bénies où les immeubles n'appartenaient qu'à une seule famille), nous n'avons pas à penser que nous formons un groupe avec nos voisins. Nous formons avec eux ce que Sartre appelait un *collectif sériel,* soit un groupe qui n'est qu'un agrégat sans signification.

Mais justement : quand il s'agit des jeunes, ce refus profond de faire groupe, ce mépris du collectif sériel n'est pas si fort. Qu'on se souvienne de sa classe : on avait beau s'y retrouver là avec des gens qu'on n'avait pas choisis, n'y avait-on pas noué des amitiés éternelles et des expériences inoubliables ? Mieux : n'était-ce pas, cette réunion forcée de la classe, le creuset dans lequel les personnalités trouvaient l'occasion de se dessiner ?

Or nos habitants, ceux qui sont exposés aux parties communes, ne sont pas encore gâtés par l'habitude et le désir de repli sur soi. Ils sont jeunes. Ils sont encore tout près de leur expérience décisive de la *classe.* Il y a même tout à parier qu'ils la regrettent, qu'ils la regardent avec nostalgie. Faut-il, déjà, en faire de vieux habitants, en les conduisant à regarder de haut cet espace partagé avec les autres ? Ou, au contraire, faut-il leur donner l'occasion d'y continuer, d'une autre façon, ces jeux et ces expériences par lesquelles, quand il n'est pas encore outrecuidant au point de se croire seul à ses propres commandes, l'individu se dessine et s'enrichit ?

Car précisément, tel est l'idéal des parties communes : on devrait y trouver tout ce qu'on ne trouve pas chez soi.

Voici donc notre pari : peu importe le nom, désormais, puisque nous en avons fait le tour : il faut que l'espace partagé entre nos juniors soit un espace de création, exactement comme peuvent l'être les espaces des universités ou des écoles qu'ils fréquentent, quand ils sont encore étudiants, ou bien des entreprises où ils travaillent, comme des jeunes actifs. Il faut que les parties communes soient un espace désirable, parce qu'elles sont un espace d'enrichissement et de socialité véritable.

Mais pour cela, l'homme étant un être de travail, qui se réalise par l'action, il faut donc associer, *non une décoration,* mais une *action,* aux parties communes. Y compris, d'ailleurs, l'action de la décorer. Ne pas vendre un cosmétique comme une seconde couche de plâtre, sur les murs, mais le signe d'une action volontaire d'investir les lieux, action dans laquelle les habitants ont une part. Et action, enfin, de faire de la *pièce commune,* tellement plus vraie qu'une page Facebook, ce lieu de création où l'on n'est pas de passage, comme dans un hall mort, mais où on est invité à continuer l'apprentissage du commun dont les souvenirs d'école portent l'inconsolable nostalgie.

Voilà pourquoi nous parlons, finalement, de Vivier : il s'agit d'offrir un lieu pour croître. Tout le monde en a besoin, jusqu'à 99 ans, bien sûr. Mais les jeunes ne se sont pas encore dits, du moins pas tout à fait, qu'on se perd à se frotter aux autres, et à faire en commun.

C'est pour offrir cette chance à tous nos habitants que nous créons le Vivier.

Par le Vivier, une vraie expérience du collectif, si indispensable pour tout sujet qui se construit, est continuée. C'est en faisant des *parties communes* des *parties collectives* qu'on peut s'assurer que le mot a été débarrassé de sa signification péjorative.

2.
Fun à l'espace de convivialité

Au pôle logement Epsilon K, c'était la fête. Ça n'arrivait pas tous les jours. Dans le petit accueil sur le côté, prolongé par le long couloir intitulé *espace de convivialité,* on n'avait jamais vu ça. Ce long couloir, Ganstaric ne l'avait jamais vu allumé, depuis trois mois qu'il occupait sa *cellule* à « *Eps* » : son père, le docteur Ganstaric, avait cédé et, après avoir jugé que son fils devait en passer par où il en avait passé lui-même, et qu'un peu de « galère » vous forgeait le caractère (surtout depuis la suppression du service militaire) : il avait signé un bail à Epsilon K.

Old fashion

Tout avait pourtant bien commencé, avec la chambre de bonne du boulevard Malesherbes! Elle lui avait paru, un premier temps, une solution idéale : venu de Nice, son fils, introduit par là-même dans les beaux quartiers de Paris, pouvait y faire des rencontres avantageuses, sans compter qu'en montant les six étages et demi qui le séparaient de son logement, il entretiendrait cette ligne que le père, navré par sa brioche récente, enviait à son fils. Cette solution avait donc été présentée à Julien comme un paradis.

La première dissonance était venue du « proprio », pour reprendre les mots de Julien, qui était pourtant un homme charmant et recommandable : un notaire. Mais le cher homme, il faut bien dire, avait été vieux jeu : il avait interdit à Julien, dans une tirade à trémolos parfaitement huilée (sans doute l'effet de la récitation annuelle), toute « promiscuité », c'est-à-dire toute présence, mâle ou femelle, dans son « logement » (il faut dire qu'en retranchant l'espace de la chaise, de la table et du lavabo, il ne restait guère de choix aux corps pour se placer.) Mais ce n'est pas ainsi que « le proprio » avait présenté les choses. Et justement, ce point peinait le docteur Ganstaric, pour qui il en allait comme avec la brioche : il comptait, comme par procuration de sa propre jeunesse fringante mais lointaine, sur les conquêtes de son fils. « Triste », avait-il conclu en lui-même, tout en s'accrochant à « la galère ».

Pourtant, les six mètres carrés à eau courante avaient rapidement muté en six mètres à eau stagnante : au bout de deux jours d'occupation, alors que Julien faisait cuire ses pâtes, l'eau de cuisson des spaghetti, déversée au prix de mille contorsions dues à l'absence de passoire, acheva de contracter les tuyaux qui, non content de suer dans « l'appartement » une odeur méphitique, avaient de surcroît décidé *qu'ils ne laisseraient plus rien passer.*

Julien appela son père, alors en cure à Quiberon ; l'effet de son témoignage sur des nerfs paternels déjà éprouvés par *l'étouffée de courgettes au qinoa*, fut fulgurant. « Je te sors de ce bouge, mon fils. Attends-moi, j'arrive. »

Le docteur, pas mécontent d'être arraché aux courgettes, engloutit un burger pour la route, et sauva son fils en lui offrant, pour sceller ses privilèges de jeune héritier, une chambre au pôle logement Epsilon K.

Epsy Disruption

La plaquette avait vanté, en un mélange de langue cyborg et de langue Danette (« Hep! Eps ! En une… »), la « superdisruption méga-conviviale, trop cool! », de la jeune et flamboyante « incubatrice de youth ».

Grosse boite de béton divisée en boîtes à l'échelle autour d'un couloir central tapissé des *numéros Matrix* (les longues lignes de code vertes, pour stimuler l'imagination), « Eps » incubait très probablement, à savoir qu'elle conservait ses habitants dans des cubes.

Le vigile, Fernand, avait été engagé pour son accent du midi ; en fait champenois, Fernand oubliait hélas une fois sur deux de faire chanter sa langue. En revanche, Musclor, son pitt bull de compétition, n'oubliait jamais de baver, et, quoiqu'il n'osât l'avouer, Julien avait peur des chiens. Surtout que Musclor avait investi le fameux *espace de convivialité* dont il avait littéralement dévoré les trois poufs achetés chez Casa, où l'on se prenait les pieds pour descendre aux toilettes. Je vous laisse imaginer les jeux de mots vachards des locataires sur ces pauvres accessoires de convivialité.

Au bout de trois mois, Julien avait dû avouer à son père qu'il n'avait pas fait plus de conquête à Epsilon qu'à Malesherbes - et pour les mêmes raisons : cette fois, ce n'était pas « le proprio », mais seulement le règlement.

Mais surtout, comment faire pour rencontrer des gens, quand son école était à 48 kilomètres d'Epsilon, qu'il rejoignait tous les soirs au terme de deux heures de bus panachés de RER : quand il rentrait dans la résidence, le grand couloir intitulé : « Lieu de convivialité » était toujours noir.

Trop cool

C'est chouette, la vie d'étudiant. Rentrant, sombre et voûté, se préparant à une nouvelle veille solitaire, Julien tapota le premier code après avoir actionné son passe Vigik, puis, une fois passé la première porte, il actionna de son pouce le sas à reconnaissance digitale. « Chez Eps, on est secure », vantait la brochure.

« Un peu too much », marmonna Julien en y repensant.

Heureusement, la vie vous réserve toujours des surprises, et les ténèbres s'inversent en lumière. Le directeur du théâtre-cinéma-maison-de-la-jeunesse d'Armandeville (Epsilon K était située, en fait, dans la Z.I. d'Armandeville, occasion pour les étudiants de découvrir le monde du dynamisme économique) avait organisé, dans *l'espace de convivialité* illuminé pour l'occasion, une projection d'une film russe de 1981, « un chef-d'oeuvre ». C'était un film d'anticipation, où toute l'humanité, victime d'une centrale nucléaire particulièrement baveuse, avait muté génétiquement. Ce qui était dommage, c'est qu'il n'avait que les sous-titres chinois.

Julien, spectateur unique, se demanda si, finalement, les ténèbres ne valent pas mieux que la lumière.

3.
Le génie du lieu

Notre époque nous rappelle, sur des tons divers, tantôt légers et humoristiques, mais le plus souvent graves et véhéments, qu'il y a des lieux, qu'ils jouent un rôle considérable dans la vie des hommes, et qu'il y a un devoir de les animer et de les valoriser.

Sans aucun doute, la page est tournée, où le paradigme de la mégalopole faite d'ivresse technologique, de modernisme radical et de branchouille bobo allait, de Paris à Londres, de New York à Berlin et à Tel Aviv, dessiner pour tous et pour chacun le décor et le modèle du quotidien, du café à la rue commerçante où exactement les mêmes boutiques, les mêmes comportements, les mêmes modes et les mêmes tics semblaient planifiés, comme pour mieux *nier* la diversité humaine.

Sans vouloir aller trop loin dans la réflexion philosophique, on peut se demander si ce besoin d'unifier les rues et les comportements occidentaux n'était pas comme un retour de balancier, après un début de vingtième siècle qui avait cultivé à l'extrême les particularités nationales. Avec les conséquences terrifiantes qu'on sait.

Devant le retour en force du lieu, à notre époque, nombreuses sont les voix qui s'élèvent, et redoutent, justement, celui du nationalisme. Mais la messe n'est pas dite. Il n'est pas certain, même dans les pays qui ont montré les tendances les plus préoccupantes, que nous soyons en train de retourner aux années 30. En particulier, l'identité locale, dans nombre de revendications, semble primer sur la fiction nationale. La ville, la région sont, pour nos nouvelles générations, des identités plus vraies, plus « vécues », mieux défendues, que les grands mythes qui agitèrent les deux siècles précédents.

Or, particulièrement en France, pays qui souffre depuis des siècles de son centralisme, les villes moyennes, et de nombreuses régions demandent une renaissance. Plus question, pour elles, de voir dans les ronds-points et la rationalité plus ou moins discutable des plans d'urbanisme leur avenir et leur destin.

En rester au constat, à la crise, ne suffit pas. Il faut inventer des réponses. Et justement, ce que nous apprend le modèle local, c'est que ce ne sont pas seulement les décisions gouvernementales qu'il faut aux hommes ; réinventer le divers, lui donner sa respiration propre, voilà ce que peuvent très difficilement une loi, une norme générale. Au contraire, réapprendre que tous les lieux ne se valent pas, ne se remplacent pas les uns les autres, que les traditions locales ne sont pas interchangeables, bref, qu'il y a un vrai trésor dans la multiplicité des histoires et dans le personnalités variées des villes, c'est l'affaire de tous. Elus locaux, acteurs de la culture, mais aussi ceux qui viennent construire, car édifier, c'est venir prendre part à cette aventure collective qu'on appelle l'habitation humaine.

L'histoire et la géographie. On ne peut pas faire l'économie de ces deux connaissances qui sont beaucoup que cela, parce qu'elles s'inscrivent au coeur de nos personnes, de nos souvenirs, de nos goûts. Hannah Arendt disait que tout homme naît vieux du passé vécu par les générations précédentes, mais il faut rajouter que tout homme naît aussi dans un lieu chargé en proportion de tout cette mémoire.

Construire, après soixante-dix ans de maisons stéréotypées dont les territoires veulent se libérer, doit redevenir cette subtile négociation avec le génie du lieu, le *genius loci* qui a nourri l'inspiration de tant de poètes et de les peintres : que serait Keats sans Hampstead, Lamartine sans Milly, Monet sans Giverny, Gracq sans la Loire ?

Mais il n'y a pas que ces « voyants » qui sont concernés ; c'est chacun, à l'échelle de sa propre vie, qui s'est inventé, avec cette cour, avec ce festival, avec cette crêpe locale, avec ce phare ou avec cette maison comme autant de signaux, un génie du lieu.

Nous avons pris un engagement, chez Open Partners : il n'y a aura pas de construction sans ce dialogue, sans ce travail de recherche du génie du lieu.

Recherche si peu fastidieuse, si aisée, comme le montrent nos premières expériences ! Car ce génie, tout le monde le partage, s'empresse de le communiquer, à la moindre sollicitation.

Parce que les hommes sont toujours heureux d'appartenir à une histoire, à un monde, à un sens.

Chercher le génie du lieu, c'est trouver le sens de la construction.

Une dernière remarque sur ce point. Au moment de la révolution industrielle, l'immobilier avait été profondément influencé par les mutations techniques : la création des usines, et des villages ouvriers était la marque visible de la transformation du travail. Avec la révolution Internet de la fin du XXe siècle, à part des prévisions non encore avérées de disparition des *lieux de travail,* peu de conséquences avaient pu être mesurées sur le terrain du logement. En revanche, la révolution digitale, contemporaine, a de fortes conséquences sur les lieux et leur redéfinition. L'immobilier est au coeur de cette nouvelle donne, avec le travail partagé.

Cela ne rend que plus nécessaire une réflexion, en amont de tout programme, sur la relation du lieu à son « génie ».

4.
Les initiatives du Vivier 1

L'art de la parole

Habiter vraiment un lieu, je veux dire une ville, un quartier, et donc une ambiance et une culture, c'est participer de son génie. Comment fait-on ?

Il y a, d'abord, la présence physique : cela, c'est l'une des tâches suprêmes de l'architecte et du promoteur. Il s'agit de façade, de matière, de superficie, d'espace, bref, de toute la personnalité, de sa « peau » à ses « organes », de notre ouvrage. Car il s'agit d'une présence, d'une alchimie à opérer avec un milieu. Ce premier aspect est celui qui motive nos vocations ; c'est, si l'on peut dire, le caractère plastique, ou sculptural, de notre métier.

Mais il y a aussi, et trop souvent, en revanche, nos métiers les oublient, les habitants.

Pas seulement sous l'angle de leur confort, du « luxe, calme et volupté » dont Baudelaire, dans son invitation au Voyage, résumait en trois mots l'idéal. C'est bien le moins, de la part d'un immense poète.

Mais justement, sous l'angle de leur participation au lieu. Au génie du lieu. Dont nous avons montré comme il avait hanté particulièrement les écrivains et les poètes, parce qu'il était fait de *mots*.

Pourquoi les Juniors, les étudiants, gavés au tout numérique, auraient-ils tant besoin des mots, devraient-ils participer au « génie du lieu » par la parole ? Parce que, tout simplement, l'homme est là mieux et plus qu'ailleurs ; parce que l'homme est fait de mots avant d'être fait d'images, et parce que des juniors, qui sont déracinés, ou qui en tous cas ne sont pas encore enracinés, demandent à vivre dans un lieu auquel ils adhèrent, qui les valorise, qui leur donne sens et auquel, surtout, ils contribuent à donner du sens.

Or le sens, on peut le dessiner, certes, on peut le chanter, mais avant tout, on le *dit*. C'est là que s'impose la parole.

Personne ne niera qu'une nouvelle forme de spectacle fait fureur, au point qu'elle tend de plus en plus à supplanter le monopole du théâtre, avec ses décors (parfois coûteux), ses costumes, ses machinistes, ses acteurs, ses metteurs en scène…

Une nouvelle forme de spectacle, infiniment plus légère et plus immatérielle, s'est désormais trouvée un public des villes aux champs, des festivals aux soirées exceptionnelles : *la lecture*.

Un acteur, un lecteur, assis sur une chaise, avec un livre dans les mains. Comme pour compenser le diktat de plus en plus bruyant de l'image et de la technologie, un énorme désir de *texte* et *d'oralité* s'est fait jour, pour le plus grand nombre.

L'avantage extraordinaire de cette nouvelle pratique est la facilité avec laquelle on peut organiser les soirées, les lectures. Textes du patrimoine, textes classiques, textes contemporains, textes d'écrivains en visite, textes d'amateurs, soirées de slam, soirées de poésie, soirées de nouvelles, *duels* ou *battles* d'improvisation littéraire…. Les possibilités sont véritablement infinies.

Il faut, néanmoins, savoir qui l'on est : nous sommes des entrepreneurs. Le principal problème de notre métier, c'est qu'une fois le bâtiment livré, nous n'en sommes plus les maîtres. Or, nous tenons à conserver un lien avec notre ouvrage, à la fois pour continuer de participer à sa vie, et pour apprendre, justement, de ses aventures.

C'est pourquoi nous avons décidé de créer une association spécialement dédiée à l'organisation de ces lectures, à destination de toutes les résidences junior, sénior, ou d'autres infrastructures où des festivals, des programmations régulières ou non sont à inventer et à programmer.

Cette association se mettra, dans tous nos programmes, en contact immédiat avec les équipes culturelles de la ville, pour organiser une vraie Saison annuelle du Vivier.

Deuxième engagement

Promouvoir la parole ne va pas sans un encouragement de l'écriture. Ecrire, c'est tourner la parole en soi pour la sceller dans une matière, dans une forme, qui la rendent digne de publicité, et donc de profération orale.

Par ailleurs, un lieu, qu'il soit à Paris ou en province, est toujours chargé d'une mémoire, c'est-à-dire de mots qui ne demandent qu'à être prononcés à nouveau, écrits à nouveau, pour raviver cette mémoire et l'ouvrir sur un avenir.

Nous avons décidé de créer une bourse annuelle de création littéraire, dans tous les lieux où nous créons un Vivier. Le sujet obligé du texte est le patrimoine de la ville, soit son histoire, dont le texte, historique ou fictionnel, donnera une formulation nouvelle.

Cette bourse est proposée à tous les habitants de la résidence. Elle représentera une part non-négligeable du loyer annuel.

Chaque bourse portera un nom qui référera à un aspect du patrimoine de la ville.

Par exemple, au Mans, la bourse d'écriture mise au concours annuel s'appellera la *bourse Plantagenêt,* du nom de la dynastie mancelle qui donna à l'Angleterre Richard Coeur de Lion et tant d'autres monarques légendaires.

5.
Les initiatives du Vivier 2

L'art de l'image

Contrairement à l'art de la parole qu'il faut faire redécouvrir à la jeunesse parce qu'elle s'est démonétisée, celle-ci est, avec l'image, dans un rapport constant, permanent, voire obsessionnel. Nous sommes en plein dans la « civilisation de l'image », et la facilité technique de production et de diffusion de l'image photographique est aujourd'hui parvenue à un tel niveau qu'on pourrait même parler d'*invasion* ou de *harcèlement* des images.

Mais il faut y regarder avec plus de circonspection.

Photographier chaque instant de la vie, chaque morceau de paysage traversé, chaque gâteau sorti du four, et le diffuser d'un clic à tout un réseau de followers qui le pointent d'un *like* entre deux phrases, cela donne à chacun le sentiment qu'il a fait quelque chose pendant ce temps (participer à un moment de la vie de son ami.e X, comme on écrit aujourd'hui), mais cela signifie-t-il qu'une relation à l'image s'y produit ?

Montrer son gâteau au chocolat qui sort du four, c'est s'esthétiser soi-même, ce qui signifie : regarder sa personne et son quotidien comme un objet d'exposition. Quand les *followers* sont la famille, cela s'est toujours fait, parce que l'exposition de soi-même est d'ordinaire jugée intéressante par les autres membres de la famille. Mais quand c'est dans la sphère sociale qu'une telle esthétisation de sa vie propre se produit, c'est pour un effet contraire à celui qu'on attendrait : au lieu, comme devant tout *exposition*, de susciter un regard qui s'accroche à l'image, c'est l'emballement des *réactions,* elles-mêmes traduites en images (émoticônes), ou en phrases lapidaires qui sont des slogans sans leur réflexion. Le jet continu des images dans le réseau social alimente une fuite en avant de la réaction, nouvelle exposition de soi-même mais en toujours plus faible, toujours plus exsangue : en quoi trois smileys ou trois bras musclés, quelques secondes après l'envoi d'une photo de petit chat, disent-ils quelque chose qui singularise la personne qui s'exprime là, ou plutôt se montre ?

Plus vite les images seront envoyées, plus vite les réactions seront advenues, moins on aura *fait* quelque chose, moins les gestes communiqués s'apparenteront à la création, à l'invention, et plus ils manifesteront, au contraire, une panique devant la fuite en avant des images.

Qu'est-ce qu'une image ? C'est ce qui suscite un regard.

Le regard, c'est la vue *plus l'attention.*

Parler d'attention, c'est parler d'intérêt, d'étonnement, pour commencer ; puis, par suite, de concentration, d'effort de l'esprit, de discernement. Regarder la Joconde comme on regarde le petit chat ne donnera jamais rien d'autre, dans l'oeil de son spectateur, que ledit petit chat : une icône, un déjà vu, une image publicitaire, comme si Léonard avait peint une copie de sa duplication par Andy Warhol, comme s'il avait plagié Magritte en lui retirant sa moustache.

Regarder la Joconde, c'est commencer par s'interroger sur le deuxième plan, sur ces chemins aux teintes chaudes qui sinuent étrangement en contrebas, c'est découvrir le contraste avec l'arrière-plan bleuté ; c'est s'interroger un long moment sur ces représentations, en somme, de la pensée par le peintre, qui fait du paysage une sorte de figuration de l'état d'âme ; puis c'est braquer son oeil sur la bouche fine, musculeuse, de Mona Lisa, et enfin, c'est se noyer dans son visage, dans son regard, où Léonard a centré son énigme, son rébus métaphysique, si bien qu'un long moment passé n'y suffira pas, et d'autant moins qu'il est impossible, puisque les touristes qui défilent en houles continues autour du petit tableau vous empêchent de l'approcher de près, pour découvrir aussi sa matière, sa complexion intime…

En fait, l'image, la vraie image, celle qui commande un vrai regard, est rare.

L'homme, on le sait par exemple avec Proust, est un être de temps, de durée. Il n'y a rien d'humain qui ne passe par la durée, et notre temps est celui qui, si souvent, nous prive de cette durée, et par là nous prive du plus profond et du plus précieux de nous-mêmes.

Au Vivier, nous avons décidé de rendre à nos amis juniors une autre relation à l'image. Non pas cette exposition à la va-vite, permanente, vernisssage-décrochage instantané, qui se fait et se défait en ligne et qui ne peut nous procurer, en définitif, qu'un sentiment flottant, profondément insatisfait. Offrir de la surface, des murs, de la réalité à des images dont la production, proposée au concours à tous les habitants, est l'objet d'un vrai jugement, pondéré, appliqué, attentif de la part du jury de *Mécen'art*, c'est ramener, dans la photographie ou dans la vidéo (ou même dans le graphe ou la peinture, s'il y a encore des candidats!), le temps long, la volonté de bien faire, l'application, dans la pose, dans le déclic photographique, dans le traitement et retraitement du cliché...

Découvrir cela, c'est encourager, face au flux des images qui fait de nos vies, en définitive, le déchet permanent d'elles-mêmes, trace qui passe pour se dissoudre et s'oublier presque instantanément, un vrai moment d'art, de création, et donc de permanence.

La solitude, certes, est une des souffrances de la jeunesse, mais il ne faut pas croire que les juniors sont indifférents au temps. Il y a aussi une peur juvénile de la fuite du temps. Nos premières expériences nous ont montré comme ces moments de création sont vécus avec gratitude par nos jeunes, comme des moments de création d'eux-mêmes.

Tous les ans, en parallèle aux bourses d'écriture, est créé un concours d'images(photo, graphe, peinture ou video), récompensée par un prix une 2000 euros et une exposition d'un an dans les cimaises du Vivier.

Pour affirmer la vocation du prix, nous avons décidé de le nommer « Prix regard 20... »

II.
JOURNAL DE BORD

1.
Le programme Habitat junior TIP
Le guetteur

Angers la Blanche

Angers est sans conteste l'une des villes les plus agréables de France. C'est à elle mieux qu'à nulle autre que s'applique la formule immortelle de Du Bellay, poète angevin qui a inventé avec Ronsard la langue française moderne : « la douceur angevine ». Son tissu urbain, clair, élégant, alternant les toits d'ardoise et les façades lumineuses, lui a valu d'être appelée tantôt Angers la blanche, tantôt Angers la noire. C'est une ville noble, élégante et vallonnée, mais sa douceur est loin de la résumer. Car elle est aussi une ville de pointe, à la très grande intensité intellectuelle et professionnelle ; sa population étudiante est particulièrement nombreuse, et l'on peut dire qu'elle est, en France, une de celles qui a su tirer et son épingle du jeu, et conjuguer une tradition historique majeure avec un fort dynamisme contemporain. Au coeur son aire urbaine de 450000 habitants, comptant 151000 habitants intra-muros, elle se déploie sur les rives du Maine, à 100 km environ de l'Atlantique. Sur la mythique route de L'Ouest, vers la Bretagne, elle est souvent la dernière étape.

Dans l'Histoire, Angers brille autant au Moyen-Âge, puisqu'elle est le berceau des Plantagenêts qui donnèrent à l'Angleterre une de ses plus nobles dynasties (à laquelle appartient le mythique Richard Coeur de Lion), qu'à la Renaissance, puisque l'Anjou (dont Angers est la capitale), est un des centres culturels majeurs de la Renaissance française, dominée par la figure de François Ier, qui sema le long des rives de la Loire (dont le Maine est l'affluent) ses châteaux et ses poètes de La Pléiade.

Ambroise Paré, le père de la médecine française, y apprit son art.

Cette histoire, faite de tiraillement entre la France et l'Angleterre, est celle de grandes tensions, d'une annexion violente par Louis XI, d'une invasion évitée par la terreur qu'inspiraient la puissance de ses défenses, et en particulier le redoutable château. Mais quand, avec la « perfide Albion », les conflits territoriaux ont été réglés, elle avait assez appris de l'histoire pour jouir de la paix sans jamais se laisser aller au sommeil.

L'Angers d'aujourd'hui a deux grandes vocations, qui font d'elle une cité de pointe.

La première est celle de la nature, et plus particulièrement du végétal et de la technologie agricole, avec le premier pôle de compétitivité horticole européen, *Végépolys,* et, le siège de l'office communautaire des variétés végétales. Autant dire qu'elle joue un rôle de premier plan, au niveau mondial, dans cette prise de conscience universelle des enjeux de la planète, et des grands règnes du vivant qu'elle abrite, et dont il faut repenser plus intelligemment et plus durablement la procession: le végétal, l'animal et l'humain.

La seconde vocation est celle des savoirs. Savoirs de la nature, avec l'Agrocampus, l'école supérieure d'agriculture, donc, qui donnent à la ville un air de capitale sur ce sujet. Mais aussi la tech, la médecine, dont le campus est l'un des plus importants de France, les humanités…. Sans parler d'une vocation artistique qui lui donne, en particulier, un grand rayonnement international en matière chorégraphique.

Dans le fond, Angers est resté ce guetteur que la politique et la diplomatie l'avaient forcé à être ; aujourd'hui, les nouveaux enjeux lui offrent la tâche de montrer de nouveaux signaux.

Le quartier des Capucins

Sur les 150000 habitants que compte la ville, une belle proportion est faite d'étudiants et de jeunes actifs ; 50% de la population a moins de trente ans.

Dans le quartier des Capucins, nouveau quartier au nord de la ville, Angers invente son 21e siècle. Un pôle universitaire (faculté de médecine, ESEO, université Saint Serge) est y déjà implanté ; de nouvelles unités d'habitation s'offrent à la population, et ce quartier a pour vocation d'être un des centres de l'Angers de demain. Par ailleurs, bordé de terres inondables, mais aussi de champs et des prés encore fortement agricoles (les vaches et les moutons sont encore là), le dialogue de la ville et de la nature s'en donne à coeur joie. Sans aucun doute, une nouvelle façon de vivre, de nouveaux besoins, un nouveau rapport au monde est en train de trouver là son terrain d'expression.

Le projet d'un architecte

Il faut entendre Frédéric Rolland, l'architecte vedette d'Angers, parler de son projet. Il y met une véhémence et une intensité qui traduit l'engagement d'un homme non seulement dans son travail, mais encore dans sa ville, parce qu'il a avec elle, où il est né, fils d'architecte, formé dès l'enfance à regarder sa ville avec un oeil d'artiste, puis de penseur, ville et où il continue de vivre et travailler, un rapport très profond ; c'est toute sa physionomie urbaine, rythmée par le Maine, et balisée par plusieurs gestes verticaux, qui s'est imprimée en lui, a guidé la main de ses premiers croquis, et inspiré son nouveau geste architectural. Frédéric, très tôt dans notre dialogue, a signalé que, à rythme régulier, des phares s'élèvent et donnent à Angers sa ligne de force : la cathédrale, la tour Saint Aubin, l'église Saint Lo et le château. Ces reliefs inventés par les hommes ont plusieurs fonctions : défendre, comme nous l'avons dit, affirmer l'autorité politique et spirituelle, bien sûr, mais aussi servir de repère, de balise, ou tout simplement de centre autour duquel toute une activité, toute une vie gravitent.

L'éco-quartier des capucins, en train de s'inventer encore, se situe à un point névralgique de la ville, délimitée par son contournement Nord. Vaste, étendu, bordé par un point d'eau et des espaces verdoyants, il attendait sa flèche, son signal vertical, d'autant que le problème d'ensoleillement ne s'y pose pas, puisque le tissu urbain y est ample et espacé.

C'est pourquoi, en vis-à vis du château au sud de la ville, Frédéric invente à son nord la tour de l'innovation, la tour Tip. D'un côté, un phare de l'histoire, guetteur de l'histoire et du passé ; de l'autre, un phare de l'avenir, guetteur de l'avenir et de la jeunesse.

En face de la tour, séparé d'elle par *le Passage,* un bâtiment de 3 étages est consacré au coworking et à un fab lab ; un peu plus loin, un autre bâtiment est construit pour y loger chercheurs et enseignants.

La personnalité très singulière de la tour s'inspire de sa *terre*, de son propre *paysage*: une belle terre, verdoyante, qui un jour s'est offerte en partie à un plan d'eau, c'est un espace à la fois aquatique et végétal. Extrapolant dans son imagination ce double paysage, Frédéric a trouvé un archétype esthétique, la *mangrove.* C'est elle qui lui a inspiré un exosquelette arbustif, qui, comme des lianes ou un lierre, envahira doucement la tour en même temps qu'elle la porte.

Dès lors, la tour n'est plus seulement un signe ou un geste ; lancée vers le ciel, elle s'anime de rythmes, de pleins et de vides, d'accélérations… Ce caractère végétal est, d'ailleurs, en dialogue avec les toitures végétalisées des immeubles voisins. En même temps, elle est parfaitement homogène, puisque la totalité de son geste se produit d'une seule matière, le béton haute performance, matériau par excellence de la grande architecture moderne.

La tour TIP, c'est un phare d'Alexandrie dans la ville du bon roi René. Sa verticalité, au pays de la douceur angevine, est contenue ; mais c'est une douceur auda-cieuse, ambitieuse.

Conformément au projet du Vivier, la tour *vécue* a un double visage, public et privé. Dans les étages, ce sont les logements junior, bénéficiant de notre travail d'optimisation de l'espace, par-delà les mètres carrés au sol. Dans le rez-de-chaussée, donnant sur un passage ouvert où se trouvent des commerces et des infrastructures sportives, notre vivier, donnant sur une grande terrasse, s'ouvre à toutes les possibilités : coworking, convivialité, spectacle…

Par ailleurs, cette tour, mi-végétation mi-bateau est largement modulable, parce que c'est le réquisit fondamental de tous les projets d'habitat junior ; ses espaces ne sont pas inflexibles, puisque le concept d'habitat junior est pensé pour accompagner les premières étapes d'une vie adulte. Qu'elle soit d'adulescence prolongée, comme le veut une partie de notre jeunesse, ou d'installation plus rapide dans un projet ou une famille, cette étape-charnière commande une grande modularité des lieux.

C'est en concertation avec les jeunes actifs locaux et les jeunes chercheurs de l'université que nous avons fixé la mesure de notre adaptation, fondée sur leurs besoins. Le dialogue est loin d'être achevé. A toutes les étapes de la construction, des réunions de travail seront organisées avec des étudiants et jeunes actifs. Cette tour est la leur, cette tour du guetteur, pour aider à *voir ce qui vient*.

2.
Programme Habitat junior Pasteur
Du téléphone au central

De 24 heures à 365 jours.

La ville du Mans, une des grandes et belles villes de l'Ouest, partage bien des choses avec Angers, qui a continué sa course vers l'Ouest un peu plus loin. Certes, la seconde est capitale de la province historique de l'Anjou et la première, celle du Maine ; mais à la Renaissance, le Duc d'Anjou était aussi Comte du Maine. Et plus en amont, toutes deux ont été les berceaux de cette grande dynastie, qui fut même, un temps certes bref, une dynastie impériale : celle des Plantagenets.

De cette glorieuse histoire, Le Mans abrite un témoignage architectural extraordinaire : sa magnifique Cité Plantagenet, dont la vocation culturelle et touristique majeure est en train d'être repensée de fond en comble. C'est un ensemble considérables de rues de la Renaissance, qui pourraient, en vis-à-vis d'un Provins témoin mondial du Moyen-Âge, donner la plus vaste image de la Renaissance française, si différente de la celle de l'Italie, mais si belle, profonde et gracieuse.

Pour transformer le passé en avenir, il n'est qu'une façon de faire : inviter la jeunesse. Cette règle d'or a été parfaitement comprise par la municipalité, qui a décidé de faire de la vocation universitaire et intellectuelle, la seule qui soit aujourd'hui productrice d'avenir et d'innovation, sa priorité. C'est avec des start-up qu'on invente l'économie de demain, et c'est avec des savoirs et des universités qu'on invente les start-up de demain.

Le Mans veut devenir un premier maillon de la chaîne ; s'il reçoit, une fois par an, des bolides pendant 24 heures, ce n'est pas seulement pour inviter 1/2 million de touristes : c'est aussi pour en faire la métaphore de sa modernité, soucieuse d'embrayer, même sous des dehors si tranquilles et paisibles, le rythme des moteurs du monde.

Architecture de rythme

L'ancien central des PTT, datant des années 30, est un immeuble-emblème. Certes, il était presque à l'abandon, mais pour autant, il appartient en propre, pour tous les Manceaux, à la personnalité de la ville. Mais l'évolution des techniques en rendait l'usage caduque. En même temps, il était en quelque sorte voué à la modernité.

Avec ses grandes verrières ouvrant sur son escalier, et sa silhouette remarquablement fine, comme un fuselage d'avion, la tour Pasteur avait cette qualité architecturale remarquable de signaler très fortement une époque, en l'occurrence les années 30, mais aussi d'exprimer le moderne, ce qui implique non l'esprit de musée, mais l'aujourd'hui. Or notre aujourd'hui n'est plus tourné vers les gestes massifs et lourds. Notre oeil contemporain demande à l'architecture d'alléger, tantôt par des apports de grilles, de treillis, tantôt par une forme plus *bio* et effilée, la rectitude des lignes minérales qui fut longtemps sa règle.

Autrement dit, il ne fallait pas contredire cette tour, mais la réinventer, accentuer sa légèreté, sa grâce, l'impression étrange de *vitesse* qu'elle inspire. La tour-bolide devait être plus aérodynamique pour exprimer le temps présent.

S'inviter dans l'hypercentre

Avec Anne Froideveaux et Rémi Hersant, les architectes de la tour, nous avons décidé, pour parvenir à cette exigence commune de légèreté aérienne et de finesse, d'un geste très simple : une surélévation de bois. De couleur argentée, finement fuselée, la surélévation rajoute deux étages à l'édifice, mais lui offre une continuité verticale qui exalte ses potentialités artistiques. Allégé par le zinc, il s'accomplit en une ligne remarquablement séduisante, à la conquête d'une hauteur qui en fait à la fois une tour et un emblème.

De quoi au juste ? D'une volonté et d'une vitalité. La volonté, c'est celle de toute la ville, de voir la jeunesse étudiante prendre pied fortement dans l'hypercentre, à quelques pas de la cité Plantagenet. De la voir investir ses rues de son activité, de son impatience, de sa gaité. Mais aussi, de son avenir et de son ambition.

Inviter les jeunes actifs et les étudiants dans la tour Pasteur, c'est offrir les clés de la ville à son avenir et à son dynamisme, et c'est le genre de transaction qu'on ne regrette jamais.

Dans les six étages de la tour Pasteur, nos logements si consciencieusement pensés et maximisés surplombent, au rez-de-chaussée, les espaces du Vivier, avec sa salle de sport, son bistrot et ses activités mixtes de coworking, sa salle de spectacle et de création culturelle, et sa laverie, pour laver son linge sale en famille!

Un lab, pour un projet culturel

Rappelons les fondamentaux de départ du projet du Vivier. Il s'agit, pour nous, de penser l'amélioration de l'expérience que nous avons choisi de nommer *Habitat junior.* La vieille méfiance des villes à l'égard des étudiants a peut-être forgé des vocations, jadis, mais notre temps exige que cela change. Il n'est plus question de parquer les jeunes et de leur faire payer chèrement leur jeunesse. Notre but premier est de leur offrir, en transition de leur enfance, un lieu d'épanouissement réel et complet.

Ce, à travers trois axes-clés: la socialité, le génie du lieu, et la sensibilité.

La socialité: aider à une vie plaisante et à des échanges internes entre habitants, mais aussi, à des relations constantes avec la ville, pour faire du lieu une vraie *personne* du Mans.

Le génie du lieu: celui, justement de la ville. Il faut faire du séjour dans la résidence une occasion de le découvrir.

La sensibilité : des expériences artistiques pour aider à la découverte de soi.

A très court terme, nous avons décidé de profiter du commencement des travaux pour un premier geste fort, le partenariat sur la durée avec un photographe local, dont le travail pourra jouer un rôle immédiat dans notre présence au Mans par un affichage palissade, puis, dans un deuxième temps, dans le Vivier.

A moyen terme, la présence de l'image photographique et vidéo dans nos circulations, dans le Vivier, sera notre l'un de nos deux casquettes. On peut solliciter un travail visuel de nos habitants, avec la possibilité de sortir du Vivier et de se voir offrir une exposition dans l'une des nombreuses structures de la ville.

Inversement, nous pouvons accueillir dans le Vivier des expositions en partenariat avec la municipalité.

Dans le quartier de l'hypercentre que nous allons habiter, ce sera enfin l'occasion de favoriser des rencontres entre les habitants et les jeunes, anciennement drainés à l'extérieur du centre.

Nous allons aussi, en partenariat avec le service culturel de la ville, concevoir une participation au festival d'art contemporain Puls'art, et devenir ainsi un acteur de la vie locale.

Notre seconde casquette est celle de la parole et des textes. Deux grands gestes nous motivent : la production, par nos habitants, de textes mis au concours, et lus en public ; et l'interprétation, par des comédiens amateurs et professionnels, dans le Vivier.

Nous proposons de créer le **Concours Plantagenêt,** qui verra chaque année deux auteurs récompensés, pour un texte (littéraire, historique, etc.) sur le patrimoine de la ville, et pour un texte sur l'avenir de la ville (prospective, etc.)

C'est l'occasion, pour une partie de la jeunesse locale, de s'engager résolument dans une relation au génie du lieu, et de favoriser non une identité arbitraire, mais une identité créative.

De plus, une programmation régulière doit faire du Vivier un lieu de lecture de textes et d'invention orale. Slam, textes du répertoire, textes de création, une vraie saison est à inventer avec le gestionnaire.

Enfin, nous comptons devenir partenaires du salon du livre en organisant notre propre contribution à ses jours de festivité, en partenariat avec les libraires locales, principalement la librairie Doucet et la librairie Thouard.

Notre époque demande de nouveaux troubadours, qui créent ces moments fragiles et inoubliables, sans nul besoin de décors et de costumes (c'est notre règle du jeu), que sont les moments de parole. On fait de si grands spectacles avec des mots! Nos châteaux-forts ne sont plus encerclés de douves, mais de télévision et d'Internet. Nos spectacles sont des passerelles vers la vraie humanité, qui est d'abord faite, non d'image, mais de parole.

Si au Vivier du Mans, notre expérience réussit, elle sera systématiquement reproduite et encouragée, par Open Partners, dans toutes nos opérations, en fonction des besoins locaux et des personnalités de la ville.

3.
Réinventer Paris :
Programme Habitat junior – villa d'Italie
La belle fragilité

Place d'It., l'Étoile de la rive gauche

Non loin de la mythique *Butte-aux-cailles* associée par l'imaginaire parisien au *Temps des cerises,* la place d'Italie est une des plus typées, des plus emblématiques de la ville Lumière. Sa vaste surface circulaire, magnifiée par sa rénovation récente et ponctuée par la mairie du XIIIe arrondissement, projette de vastes avenues encore largement haussmanniennes, là vers le quartier latin et le jardin des Plantes tout proche, ou encore vers la manufacture des Gobelins et le Mobilier national, ici vers Chinatown et ses nombreux restaurants, là vers l'école Estienne, ici vers l'université Paris Sorbonne, les Arts et Métiers… Profondément vivante, certes commercialement, mais aussi intellectuellement, artistiquement et humainement, la place d'Italie est typiquement parisienne ; elle n'est pas si bourgeoise, quoiqu'elle soit riche – car elle brasse des passages multiples, et, tout particulièrement, ceux de la jeunesse.

C'est là que s'était installé, dans les années 70, le conservatoire Maurice Ravel. Autant sa personnalité visuelle, un peu basse et monolithique, avait un peu vieilli, autant son système constructif offrait-il des possibilités passionnantes. Sans le savoir, en le fondant sur l'équation poteau-poutre, l'architecte avait destiné la conservatoire à la modularité, aussi bien dans des surélévations que dans l'exploitation du sous-sol.

A la faveur du déménagement du conservatoire, la ville de Paris a mis au concours Réinventer Paris cet ouvrage qui semblait rester *en chemin,* ni tout à fait grand, ni tout à fait petit ; un espace qui manquait de personnalité.

Architecturer la vie

Avec l'architecte Pablo Katz, nous avons commencé par raconter notre philosophie du logement junior. Il y a une épreuve, mais il y a aussi une grâce de la fragilité, de ce qui n'est pas encore stable, solide, définitif, gravé dans le marbre. C'est cela, la vie d'un étudiant ou d'un jeune actif. Il a encore quelque chose d'un nomade, qui ne sait pas encore ce qu'il fera dans un an, dans deux ans… Le génial et sulfureux Jean Genet, hanté par l'opposition entre l'Orient et l'Occident, avait coutume de comparer la pierre solide, massive, de Versailles, avec le plâtre , fragile, pulvérulent, d'un palais d'Orient.

Il n'était pas question, pour nous, de pulvérulence! Mais il fallait que notre geste ait quelque chose de commun avec la jeunesse, et que notre nouvelle *villa* partage la vie de ses habitants. C'est, d'ailleurs, le coeur de l'art architectural, car c'est là qu'il est un art unique : non seulement il s'offre au plaisir des yeux, mais encore il fait de la vie humaine le vrai motif de son dessin.

Par ailleurs, ce projet représentait pour nous notre premier geste d'*Habitat junior* dans la capitale. Il était donc crucial qu'il reflète au mieux notre philosophie.

L'idée extraordinaire de Pablo Katz, confronté à notre pensée, d'une part, et à la structure déjà existante, d'autre part, fut de magnifier la seconde par la première.

Le geste de Pablo

Au béton un peu triste de l'actuel édifice, ajouter le bois léger, flotté, vivant, d'une surélévation. A la pesanteur minérale, offrir la grâce d'un jeu de construction, entièrement conçu et fabriqué, usiné à l'extérieur, et déployé sur le site sans rien démolir de l'ancien. Un geste gracieux. Un geste de renouvellement. En somme, c'était notre façon de réinventer Paris.

Par ailleurs, c'est aussi les conditions de travail que nous nous proposons de réinventer, en formant une main d'oeuvre sur place pour leur donner une expérience qui comptera dans leur vie professionnelle de demain.

Mais réinventer, aussi, les vieux canons de la relation à la jeunesse, qui s'étaient d'ailleurs sentis à l'étroit pour lui apprendre la musique dans ce dispositif, en l'invitant à vivre dans le bateau du relais d'Italie une étape de sa traversée.

Entre les deux, des passerelles, légères, comme entre les ponts d'un navire.

Littéralement perché, comme en lévitation, sur le bâtiment, dont les proportions modestes sont en contraste avec les immeubles de grande hauteur qui l'entourent, le programme de trois logements en colocation de type T10, s'empile en mode triplex, chacun comportant un premier étage recevant les pièces de vie (séjour, cuisine et salle à manger) et deux chambres, puis ,au- dessus, deux niveaux comportant chacun quatre chambres d'étudiants. Une vie fragile mais qui se renforce du partage, de la communauté. Il y a bien longtemps que le besoin de refaire des groupes, d'appartenir à des tribus, n'avait été aussi fort. Le monde a trop changé, la technique , y compris celle de la communication, nous a paradoxalement trop isolés; le besoin de se rapprocher est une donnée majeure de notre temps.

Bien vivre

Les logements étudiants bénéficient, bien évidemment, de la dernière mouture de notre travail sur l'amélioration de l'habitat junior. Les espaces sont maximisés, et un vrai lieu d'épanouissement est offert à nos habitants, qu'ils soient étudiants, post-docs ou jeunes actifs. Le coût du loyer, malgré ces performances, reste celui d'un logement à caractère social.

La production industrialisée va nous permettre de maîtriser complètement l'aménagement intérieur et le design.

Quant à notre Vivier, il propose à chacun un autre lieu de travail doté d'une vraie dimension d'accompagnement, et d'un café-restaurant en économie sociale et solidaire, et que nous appelons, à la villa d'Italie, *La villa des possibles.* Comme toujours, il est conçu dans sa relation à la ville comme un *dedans-dehors :* la ville y est invitée, pour des spectacles, pour des lectures, pour des évènements, mais aussi, pourquoi pas, pour la naissance d'un pôle culturel autour d'une jeune revue, et les habitants se voient offrir loisirs, enrichissement et animation. Si la fragilité est une grâce, dans la jeunesse, c'est pour tout cela.

Miscellanées

Pour finir notre petit livre, deux moments de la vie du Lab. Un billet d'humeur d'Yves Crochet, comme il en a le secret.

Et un article paru dans le Moniteur de Juillet 2019.

Un entretien croisé entre Laurent Strichard, Yves Crochet et Pascal Bacqué achèvera cet opus 2.

LA VILLE DENSE

28/04/19

De la plateforme je contemple ma ville.

Elle est belle, si belle sous ce soleil couchant de printemps, sous un ciel tricolore qui donne à la pierre des teintes de fille bronzée.

Elle est basse, très basse ma ville vue d'ici.

Paradoxe, elle est épinglée comme l'une des plus dense du monde.

C'est parce qu'elle est basse ma ville, qu'elle est peu étendue aussi, mais surtout que peu de crêtes émergent du lot.

A 360°, de ma plateforme, hors la tour Montparnasse, si décriée, fustigée pour le seul défaut d'émerger du lot. Il faut regarder au loin pour voir le tertre de la Défense, majestueuse cime de l'Ouest voulant s'inviter à Paris.

Six étages moyens à Paris, et encore, on doit ce pannelage « élevé » à Haussmann qui faute d'ascenseurs à limité à ce chiffre l'étalon de l'immeuble capitale.

On a décrété que les tours défiguraient la ville ! Que dire de Chicago, New York ou Londres ?

Camper sur cette position est absolument antidémocratique ; c'est exiler les parisiens diurnes d'un habitat intramuros. C'est, spéculation oblige condamner la seule mixité à la présence … Des SDF.

Si la première couronne méritera bien d' intégrer la Ville, de changer ses nominations communes pour des numéros d'arrondissements, son assimilation ne suffira pas à héberger les citoyens exclus de plus en plus de l'épicentre, du centre, des quartiers (ceux de la ville et non les cités ayant fleuri depuis un demi-siècle loin du cœur), citoyens porteurs de vie, d'âme, d'histoire et de culture si on parle des « vieux », citoyens porteurs d'espérance de vie et d'action que sont les jeunes dont l'apport de désordre est si salutaire pour l'animation de nos sociétés.

Ces nouveaux arrondissements devraient, comme les vingt existants s'élever ; tâche d'autant plus aisée qu'ils sont aujourd'hui beaucoup plus bas que la Ville – je peux observer cela depuis ma plateforme- bien sûr, être équipés des infrastructures nécessaires à l'économie comme au bienêtre.

Quel potentiel d'accroissement de la population ; ou plus précisément quel RETOUR d'habitants dans ma ville pourrait-on évaluer.

D'abord pour quoi faire la Ville ?

Pour y travailler et en sortir pour vivre ?

Pour y vivre et en sortir pour travailler ?

Pour tout… ?

En évoquant la Défense : le couvre-feu y est-il instauré que passé 21 heures on n'y croise plus que les chiens errants avec leur vigile. Sans mécanisme de régulation, le prix du foncier oblige, c'est ce qui ans quelques décades attend ma ville.

Redonnons-lui un peu de sociable. Puisqu'on parle beaucoup de référendum, je vous fiche mon billet qu'en interrogeant ce fameux panel représentatif de la population régionale, une large majorité se déclarerait pour VIVRE dans la ville.

S'élever. Soit parsemer la cité de surélévations — réalisées sur des bâtiments ou des emprises publiques pour que les loyers soient accessibles- ne plus rêver de posséder, mais juste d'habiter. Redessinons Paris avec cette approche et nous constaterons combien nous pouvons la repeupler… Et être fiers de devenir la capitale la plus dense du monde.

Logement senior, habitat junior :
deux urgences absolues

Article publié dans le Moniteur, Juillet 2019.

La mutation et surtout la prise en compte du logement des jeunes et des anciens a une portée qui commence à peine à être mesurée. Face à une population vieillissante mais moins dépendante et à des jeunes mobiles, et précaires plus longtemps, le logement intergénérationnel peut faire figure de laboratoire d'idées pour penser le logement de demain. Il faut, pour en prendre toute la mesure, se garder des griseries et des modes.

Dis-moi quel âge tu as, je te dirai où tu habites... Selon la logique adoptée, la relation du logement à l'âge de son occupant est un truisme ou un para- doxe, du moins une idée neuve. Il y a toujours eu des logements de jeunes et des logements de vieux. Il y a toujours eu, sinon des maisons de retraite, du moins des hospices où des personnes âgées finis- saient, pendant plus ou moins longtemps, leur vie. Il y a toujours eu des cellules pour les étudiants, depuis les temps médiévaux, sans parler de celles des apprentis, des jeunes soldats... Le terme cellule a servi à la dénomination générique de ce qui est désormais appelé habitat junior. Mais depuis long- temps, le partage intergénérationnel du logement est une idée qui germe dans l'esprit des écrivains, des sociologues et plus récemment du législateur. Au-delà du partage familial traditionnel de l'habitat, la sélection des occupants d'une résidence selon le critère de l'âge, n'est pas sans poser la question du risque de discrimination, porteur d'une sanction pénale. C'est là que les habitudes de pensée du marché de l'immobilier sont bousculées. Dans un premier temps, l'habitat junior et sénior a fait l'objet d'observations tant par des auteurs, par exemple lorsque Balzac décrit la vie des étudiants de la pension Vauquer dans le père Goriot, que par les sociologues. Ainsi, le logement générationnel a fait l'objet de descriptions avant d'être le centre de dénonciations.

Des difficultés venant du marché immobilier lui-même

Qui a le plus de mal à admettre la réalité et la nécessité du logement générationnel ? Bizarrement, c'est le marché immobilier lui-même. Or, dans l'économie capitaliste, qui est aujourd'hui, le modèle dominant et incontesté, la production est dépendante de la demande. Plus il y a de demande, plus il est légitime de produire. La production peut également stimuler la demande pour intensifier la production.

Mais la demande n'est pas le besoin. Le besoin doit être appréhendé, dans le monde capitaliste, avec une donnée supplémentaire : l'argent et en l'occurrence, son manque. La demande de logement n'échappe pas à ces règles. Les promoteurs et acteurs du marché fourniront, plus ou moins, autant de logements que la population en demande. C'est précisément ce second point qui fait défaut chez les jeunes et les vieux. Dans la population française, ces deux catégories sont celles qui disposent le moins d'une force de frappe financière. Cette situation ne s'explique pas de la même façon. Si les faibles moyens des jeunes se justifient par leur lancement dans la vie active, les retraités craignent pour leurs moyens et préfèrent épargner, s'ils ne sont pas solvables au regard de leurs retraites. Ces catégories ne peuvent, le plus souvent, demander, quoique leur besoin soit criant.

C'est la raison pour laquelle, dans le milieu des promoteurs, si soucieux pourtant d'épouser les évolutions du marché, la question de l'habitat des seniors et des juniors se pose très timidement, de- puis peu de temps. À tort ou à raison, les promoteurs immobiliers raisonnent souvent en termes de marché, d'offre et de demande - et non en termes de besoins. Dès lors, c'est presque par définition, pour des raisons de méthodologie économique, que les deux populations des juniors et des seniors sont destinées à être délaissées par la plupart des constructeurs de logements privés.

Voltaire écrivait que « le travail éloigne de nous trois maux : l'ennui, le vice et le besoin » ; mais voilà, pour des raisons inverses et convergentes, les vieux ne travaillent plus ; quant aux jeunes, ou bien ils étudient encore, ou bien, s'ils travaillent, ils sont trop débutants pour s'embarquer à plein régime dans notre système de consommation. Ainsi, le manque qui tenaille les anciens et les jeunes - manque de sécurité, manque de perspective, manque d'espoir - est par définition repoussé dans les bords extérieurs de la logique économique qui préside aux stratégies et à la gestion des sociétés du secteur privé. L'État pourrait venir palier ce besoin selon la formule « les besoins vitaux sont la tâche de l'État ».

Un manque d'offre de plus en plus criant

À part les logiques de parcage et de charité, il n'avait jamais été proposé, jusqu'à nos jours, une vraie offre qualitative aux seniors et aux juniors. Plus précaires, ils furent longtemps censés prendre ce qu'on leur donnait. Désormais, bien des raisons font que cette donnée initiale est soumise à de fortes contestations. Le temps est lointain où les vieillards, grabataires pour la plupart, erraient dans un fond de salon, au mieux ou de grenier, au pire. Pour la plupart d'entre elles, les personnes âgées d'aujourd'hui vieillissent en meilleure forme, elles se sentent jeunes très longtemps. Elles veulent se faire belles, se teindre les cheveux, se distraire, se cultiver, voyager. Et pourtant, en même temps, elles sont frappées de plus en plus nettement par un affaiblisserment qui est loin d'être résolu, atteintes par des maladies telles Alzheimer, Parkinson ou une perte de mobilité. De la même façon, les jeunes n'ont plus honte de l'être. Le jeunisme, dans tous les milieux les plus valorisés et les plus valorisants, est une vraie vague de fond. La jeunesse se sent mieux, elle invente et manie les techniques par lesquelles l'âge contemporain se définit entièrement. Et puis il y a le nombre : dans moins de 20 ans, plus d'un tiers de la population française aura 60 ans et plus, soit 12 millions de personnes. La double mutation de la vieillesse, âge de la vie toujours plus durable, s'accentuera : les retraités se sentiront toujours plus jeunes, en étant vieux, et alors même que le rallongement de la durée de vie ne fera qu'accentuer les maux d'un âge avancé, dit 4e âge.

Âgés de 18 à 30 ans, c'est aujourd'hui 10 millions de jeunes actifs qui ne se voient proposer un loge- ment adapté à seulement 10 % d'entre eux. Quant aux logements seniors, si des résidences avec services adaptés existent (appartements et parties communes agencés pour répondre aux problématiques d'accessibilité dues au vieillissement, à la solitude par des services de restauration et de loisirs entre autres), elles étaient encore, il y a très peu de temps, très inégalitaires d'un point de vue social. Désormais, des résidences de service nouvelles générations offertes pour l'essentiel par les opérateurs privés ont repensé le modèle de la maison de retraite et sont enfin accessibles au plus grand nombre. En ce qui concerne les plus dépendants, des établissements d'hébergement pour personnes âgées dépendantes (EPHAD) sont réalisés sous le contrôle et l'aide des agences régionales de santé, mais souffrent d'un manque conséquent de financements et ne voient le jour qu'au compte-gouttes. Les places y sont chères, tant du point de vue du coût reconstitué de leur loyer, que par l'insuffisance criante de leur production - même si, encore une fois, les résidences de service commencent à com- penser ce problème. Il est prévu que, d'ici 2020, le nombre des appartements en résidence service senior sera d'environ 70 000 contre 50 000 fin 2017, en croissance de 40 % (Source: SNRA). Le fossé est criant. Les lois Pinel et Censi-Bouvard, souvent remises en cause et réadaptées, sont loin d'inciter les acteurs privés à redoubler d'efforts pour combler le vide, là où les investisseurs institutionnels sont encore souvent absents.

Dans les deux cas, la fragilisation de la cellule familiale, les besoins de mobilité et de connectivité, et le creusement de la solitude dans un monde soi-disant hypersocial rendent plus cruciaux les problèmes de logement des jeunes et des anciens. Il y a pourtant une autre cause de cette mutation singulière, qui voit doucement les acteurs économiques admettre, les uns après les autres, la nécessité de s'adapter, cette fois, aux besoins réels de ces classes d'âge fragiles. C'est une mutation macroéconomique qui ne fait que commencer, mais dont les enjeux sont incalculables.

Renverser la précarité en atout : une utopie ?

Qu'ont en commun, dans le fond, les personnes qui louent régulièrement leur appartement sur Airbnb, les travailleurs jeunes d'incubateurs de startup ou de zones de *coworking*, et les seniors ? La réponse est que les formes anciennes d'habitation, de propriété, leur sont, pour des raisons diverses, devenues inaccessibles. Il ne faut pas se leurrer : si tant de jeunes sociétés travaillent aujourd'hui dans des incubateurs, une des raisons est que les bureaux ont trop chers pour les sociétés naissantes ; de la même façon, si tant de propriétaires ou de locataires louent ou sous-louent périodiquement leur appartement, c'est parce qu'ils peuvent ainsi faire face à leurs charges et à leurs impôts. Dans toutes ces nouvelles pratiques, un élément de départ est souvent caché par les discours valorisants ou publicitaires : le manque. Dans d'autres domaines de réflexion, la prise de conscience du manque et de la fragilité est massive. Il n'est que de constater les enjeux de la planète pour savoir que la logique de la consommation et de la production infinie doit laisser la place, sinon à un développement durable, qu'on peine à définir, du moins à une nouvelle conception économique qui, enfin, tienne compte des limites de résistance des terrains, des territoires, des cultures à une hyperproduction. Pour le dire autrement, notre époque est celle d'une généralisation du manque. C'est la raison pour laquelle on risque enfin de s'intéresser de plus près et mieux aux jeunes et aux vieux. Le monde est en train de se faire à l'idée d'une rareté plus universelle que prévu, et dont l'expérience est finalement quotidienne. Seule la plus belle des intelligences – l'adaptation – peut répondre à cette mutation inévitable. Il est bien des façons de réagir au manque et à la rareté : appauvrir et parquer toujours plus ceux qu'on ne sait plus loger ; laisser les sociétés se gangrener, en paupérisant des parts toujours croissantes de la population ; ou encourager une vraie création architecturale et sociale, développer l'inter-générationnalité au-delà d'un simple effet de mode. Et c'est ce qui, encore de façon trop lacunaire, trop instinctive, est en train de se faire par des initiatives multiples qui, s'inscrivant dans un mouvement général de renouveau des modes d'habitat, n'attendent qu'un cadre législatif clair non restrictif pour se développer. Il n'existe pas, aujourd'hui, de cadre juridique spécifique pour une résidence intergénérationnelle.

Loin d'être un gadget, l'habitat intergénérationnel est le signal d'une mue décisive de notre civilisation. Non, il n'est pas question, comme certains jadis, de pratiquer la méthode Coué et de s'exalter du nouveau nomadisme. Le nouveau nomadisme est d'abord une fragilisation, car la sédentarité est un renforcement. Mais cette fragilité, tout comme celle qui touche les seniors, peut être accompagnée, peut être aidée, peut être embellie. À condition de ne jamais oublier qu'il faut offrir aux gens logés, s'ils sont invités dans des zones partagées, de vraies zones privées, dont l'appropriation, la personnalisation, et l'accessibilité doivent être encouragées afin de préserver leur autonomie. Il faut travailler sur l'espace, pour le rendre le plus vaste possible malgré la faiblesse des mètres carrés au sol, sur la modularité et sur une offre de services adaptée aux uns et aux autres. Quant aux espaces collectifs, il faut qu'effectivement ils soient des lieux favorisant le mélange des publics et des générations, mais également autant d'occasions offertes aux capacités de chacun de se déployer, dans la mesure désormais cruciale de notre souci premier de la personne, car elle risque bien d'être oubliée dans cette ivresse des formes de plus en plus collectives d'arraisonnement des individus.

Désormais, ce sont les jeunes et les anciens qui sont les pionniers du monde de demain. Ils représentent, aujourd'hui, dans leur nouvelle façon d'habiter, de travailler et de se distraire, ce vers quoi l'ensemble de la population tendra demain. De sorte qu'il faut souhaiter, ce qui, de toute façon, s'imposera : que la ville, qui se veut depuis peu mixte, réapprenne par l'intergénérationnel à être le lieu de tous, classes d'hommes et classes d'âges, et non celui d'une ségrégation.

Entretien croisé

(LAURENT STRICHARD, YVES CROCHET, PASCAL BACQUÉ)

P. : En somme, ce petit travail sur les parties communes est une espèce de reportage de guerre. De bataille, plutôt. Une bataille qui vous a conduits sur tant de fronts, cette année : l'Assemblée, le Sénat, pour faire entendre votre voix, pour que le législateur fixe enfin les enjeux de l'Habitat Junior, et accepte d'en faire une nouvelle norme, non pour avoir une norme de plus, mais parce qu'elle correspond à une réalité massive.

Y. : Oui, les fronts sont nombreux. Mais il y a les combats à long terme, et la norme juridique *Habitat Junior,* tout urgent qu'il soit, est de cette nature. Cela ne nous empêche pas, bien au contraire, de parer au plus pressé - et le plus pressé, contrairement à ce qu'on pourrait croire, ce sont nos travaux de recherche, c'est l'élaboration de nos premières résidences, que nous regardons comme autant de prototypes d'une réinvention de l'habitat des jeunes.

L. : Les résultats sont déjà là, indépendamment de la confirmation institutionnelle. C'est justement cette conception des parties communes qui a soulevé l'enthousiasme, sur notre passage, tant dans les mairies et les directions de l'action culturelle, que chez les jeunes consultés, que dans les universités….

Y. : Nous avons reçu effectivement un excellent retour sur ce que nous avons décidé d'appeler, entre nous, *le vVivier…*

P. : Par exemple ?

L. : Par exemple : l'entreprise pressentie pour la gestion des parties communes du Relais d'Italie est *Digital Village.* Au vu de ce projet particulier et des pistes que nous avons ouvertes, l'entreprise a décidé de revoir sa stratégie, en s'appuyant largement sur nos suggestions. Pour nous, c'est le signe de la fécondité de ce que nous proposons, pour le bien commun. Les entreprises qui cherchent un positionnement dans le co-working se rendent compte que l'offre globale d'un lieu de travail *et* d'un espace de logement très qualitatif est requise par notre mutation. Le plateau ouvert ne suffit pas ; c'est déjà une conception d'hier.

Y. : Oui, le travail partagé se prolonge naturellement dans l'habitat partagé. Mais il faut ajouter quelque chose : parce que, grâce aux travaux d'Open Lab, nous avons le souci constant de penser aussi bien les aspects positifs, stimulants de cette mutation inéluctable, que ses aspects négatifs, nous avons un temps d'avance. Et donc une responsabilité supplémentaire.

L. : Exactement. Il ne s'agit pas de nous satisfaire de nous-même, il s'agit d'être au plus près, au plus juste, du vrai besoin. Parce que les enjeux humains de l'habitat partagé sont énormes. En fait, il faut être clair : c'est à ses inventeurs qu'il reviendra d'en faire de vrais lieux de vie, ou de nouvelles formes de l'aliénation. D'où, pour nous, l'importance majeure du fonctionnement culturel du lieu. C'est tout le contraire d'un gadget.

Y. : Nous inventons là de nouvelles formes de socialisation, donc il faut absolument qu'elles soient en faveur de l'épanouissement des personnes. Voilà pourquoi le théâtre, le bistrot, les bourses, sont pour nous des ferments vitaux de nos « tribus », qui ne doivent pas se définir seulement par la tech.

P. : Quelle est votre recette ? Comment faites-vous, pour que ces questions, ces offres deviennent prioritaires ? Comment avez-vous l'assurance que vous dépassez les voeux pieux ?

Y. : Par deux axes. D'une part, par la surdimension de nos parties communes. Oui, je dis bien la surdimension. Regarde, la salle de sport d'Angers est dix fois plus grande que dans les résidences étudiantes classiques. Tu te rends compte : du simple au décuple! C'est ainsi, dans cet investissement massif, frontal, qu'on sort du gadget. Et puis, l'autre axe, c'est le dedans-dehors.

L. : Effectivement, ce que nous appelons, au lab, le *dedans dehors,* c'est cette ouverture résolue sur la ville, sur l'extérieur. C'est cela qui permet de de faire de la résidence junior un vrai acteur de la vie culturelle locale. En donnant les moyens, par exemple dans les infrastructures et dans des surfaces généreuses, et en invitant l'extérieur, le dehors, on n'a plus de cantines et des zones plus ou moins désaffectées : on a des professionnels qui s'embarquent dans l'aventure ; de vrais restaurateurs, de vrais coaches sportifs… Des apprentis comédiens… Des musiciens… Il est vital que cette mayonnaise-là prenne. Que nos lieux soient vraiment ouverts. Alors la pérennisation cesse d'être un doux rêve.

P. : Que veux-tu dire par là ?

Y. : Il veut dire qu'en général, les résidences étudiantes sont surtout choisies par les premières années. Cela, justement, à cause du service basique qu'elles offrent. En général, les deuxièmes années basculent souvent dans la colocation d'un appartement en ville. C'est tout le problème - on ne sait pas garder nos jeunes, parce qu'on ne sait pas leur offrir ce qu'ils veulent.

L. : D'où, pour nous, le caractère crucial de ces expériences de novation. Si nous proposons une très belle offre, dès le début, qui convienne à tous types d'étudiants de toutes les années, nous avons une chance de les fidéliser vraiment. Il faut que les juniors se disent que la migration vers une colocation serait une perte, à cause de tout ce que nous leur offrons…

Y. : D'ailleurs, nous nous devons d'arriver vite à une offre de colocation *chez nous*. Mais à nouveau, cela passe par un vrai travail de réflexion : jusqu'où voulons-nous étendre cette notion de tribu ? Que demandent ces jeunes d'une génération dont les dirigeants (je pense à la photo de famille des dirigeants européens, dont presque tous, c'est saisissant, *n'ont pas d'enfants ?*) D'une génération où la notions de famille est en train d'éclater ? Où le nombrilisme, ou en tous cas l'individualisme, semblent avoir atteint leur limite ?

L.: A quoi il faut rajouter la *symptôme* de la survalorisation du bureau sur le logement. Eh oui, aujourd'hui, le bureau coûte plus cher, donc est plus valorisé, que le logement des hommes. C'est à la fois un fait incontestable, et effrayant. C'est à tous ces enjeux que nous avons affaire, avec l'habitat junior.

P. Une question : ne craignez-vous pas que toute cette réflexion que vous entreprenez, et dont vous avez commencé la réalisation dans les résidences de Paris, d'Angers, du Mans, et dans les autres projets en cours, vous soient d'une certaine manière volée ? Ou en tous cas, qu'on s'inspire de vos recherches et de vos solutions sans rendre à César ce qui est à César ?

L. Oh, César, nous n'irons pas jusque-là…

Y. On peut toujours nous copier, reproduire nos plans, mais je pense que ces *fac simile* seront incomplets.

A chaque projet, nous ajoutons un supplément d'âme, du cœur dans l'ouvrage. Nous nous plaçons dans les habits des jeunes résidents pour faire en sorte que les lieux n'aient pas la froideur, la rigidité du neuf.

Quand nous bâtissons, très en amont, l'appartement témoin, nous sommes le jeune qui va l'habiter ; pas une photo de notre grand-mère, pas nos bd préférées, pas notre mug quotidien ni notre trottinette ne vont manquer à la pelle. Le résultat que nous sommes convaincus d'obtenir : avant même d'être terminée, d'être livrée, notre maison a sa personnalité, son identité et son vécu ; elle n'a pas le caractère parfois clinique ou inconfortable de la chose neuve et empesée. Ça, bonjour pour nous le pomper !

P. Si je vous demande : quel est votre plus cher désir, avec l'Habitat Junior, que répondrez-vous ?

Laurent : Je vais te répondre par une remarque historique. Tu sais, dans les régions minières, on construisait des villages pour les ouvriers, au XIXe siècle. Bonté ? Souci du confort des ouvriers ? Sûrement un peu. Mais il y avait aussi une contre-partie : le maître de forges, alors, faisait sa tournée, et vérifiait que l'ouvrier descendait bien à la mine. Le flicage était parfaitement huilé. Notre effort, c'est justement tout faire pour que ce ne soit pas le cas. Pour que ces nouvelles expériences soient autre chose. C'est là qu'est mon plus cher désir, et cela commande de gros efforts. Il ne faut pas craindre le futur, mais il faut s'inspirer du passé pour ne pas être naïf. Les villages et les villes Google, c'est sûrement cool, c'est sûrement huilé, mais il y a de fortes chances pour qu'y reviennent là de nouveaux maîtres de forge. Il y a des choses à faire pour que les villes de demain demeurent vraiment humaines.

Yves : J'ajouterai quelque chose qui va dans le même sens. Pour échapper à l'arraisonnement et à l'uniformatisation, il faut décider vigoureusement de *faire de* l'architecture. De l'architecture vivante et inventive. La différence de chaque appartement, le soin constant de la vie, de la vie quotidienne, de la vie de l'esprit, de la vie de la sensibilité doit guider nos architectes, et nous-mêmes, beaucoup plus que les projets de normes et de produits standards.

Pascal : un mot de conclusion ?

Laurent : Nous avons lancé pour la première fois, avec un organisme d'enquête, une grande étude pour essayer de mieux comprendre, au plus près, les nouveaux modes de vie des jeunes ; nous attendons les premiers résultats à la rentrée 2019. La mise en production du Relais d'Italie, de la résidence d'Angers, de celle du Mans nous ont offert des tests grandeur nature pour notre vision de ce que sont les parties communes, et de ce que doit être le coliving. Le travail du Lab sort vers Open Partners.

Yves : Ces études ne font que commencer. Les habitudes évoluent si vite, en ce moment, parce que ce ne sont pas des modes qui se fabriquent là, mais un changement de civilisation. A nous d'être à la hauteur.

Table des matières